AF591873

# PETITE
# [illegible]E NATURELLE,

PAR Mme DELAPALME.

1er VOLUME.

ANIMAUX.

PARIS,
CHEZ PAUL DUPONT,
DIRECTEUR DE LA LIBRAIRIE NORMALE D'ÉDUCATION,
Rue de Grenelle-St-Honoré, n. 55;
ET CHEZ L. HACHETTE, rue Pierre-Sarrazin, n. 12.

1834

## LIBRAIRIE NORMALE D'ÉDUCATION.

### LIVRES A 2 SOUS.

Manuel de Lecture.
1er Livre de Lecture.
2e Livre de Lecture (*authographié*).
3e Livre de lecture (*Télémaque*).
Livre de Prières.
Les Évangiles.
Histoire Sainte.
Petit Traité de Morale.
Choix de Fables.
Grammaire de Lhomond.
Géographie générale.
Géographie de la France.
Arithmétique.
Histoire de France, 2 vol.
Histoire naturelle, 2 vol.
Petite Physique.
Traité d'Arpentage.
Poids et Mesures.
Découvertes et Inventions.
*Les mêmes,* cartonnés, 3 sous.

### BIBLIOTHÈQUE DE L'INSTITUTEUR PRIMAIRE, *par M. Delapalme*,

25 vol. in-18, à 1 fr. le vol., 25 fr.

| | | |
|---|---|---|
| Lectures. Promenades (imp. en 3 sortes de caractères)... | 1 | v. |
| — Tableaux du monde, proverbes (lithographiés en plusieurs écritures).... | 1 | » |
| — Morale de l'exemple... | 1 | » |
| — Prières............. | 1 | » |
| — 52 dimanches........ | 1 | » |
| — Veillées du village.... | 1 | » |
| Grammaire française..... | 1 | » |
| Arithmétique.......... | 1 | » |
| Géographie de la France.. | 1 | » |
| Géographie générale...... | 1 | » |
| Hist. sainte. Récits de la Bible | 2 | » |
| — Évangile........... | 1 | » |
| — Morale de la Bible et de l'Évangile........... | 1 | » |
| Histoire de France....... | 4 | » |
| Biographie des rois et des hommes illustres de France, depuis Clovis jusqu'à Louis XVIII.............. | 2 | » |
| Hist. Natur. Plantes...... | 1 | » |
| — Mammifères......... | 1 | » |
| — Oiseaux, Reptiles, etc. | 1 | » |
| — Géologie, Minéralogie. | 1 | » |
| — Météorologie........ | 1 | » |
| | 25 | v. |

# PETITE
# HISTOIRE NATURELLE
## A L'USAGE
## DES ÉCOLES PRIMAIRES

PAR M. DELAPALME.

**Premier volume.**

## ANIMAUX.

On divise les animaux en quatre classes :
Les Vertébrés,
Les Mollusques,
Les Articulés,
Les Zoophytes.

### ANIMAUX VERTÉBRÉS.

Les animaux *vertébrés* sont ceux qui ont un squelette intérieur composé d'os nommés *vertèbres*, et un canal *vertébral* s'étendant de la tête à l'extrémité du tronc.

On comprend dans les vertébrés, les *mammifères*, les *oiseaux*, les *reptiles*, les *poissons*.

*MAMMIFÈRES.* — On appelle *mammifères* tous les animaux à *mamelles*.

Dans les mammifères, on distingue :

L'*homme*, les *quadrumanes* ou *animaux à quatre mains*, les *carnassiers*, les *rongeurs*, les *édentés*, les *pachydermes*, les *ruminans*, les *cétacés*.

L'HOMME. — Plusieurs races se remarquent dans l'homme :

La *race blanche*, la *race basanée*, la *race cuivreuse*, la *race brune foncée*, la *race noire*, la *race noirâtre*.

Les *blancs* occupent les régions occidentales de l'ancien monde.

La *race basanée* comprend les Chinois, les Kalmoucks, les Mongols, les Lapons, les Samoïèdes et les Ostiacks.

A la *race cuivreuse* appartiennent les peuples des deux Amériques : ils sont en général grands, bien faits; leurs cheveux sont noirs, gros et durs.

La *race brune* habite la Nouvelle-Hollande et l'Océanie ; les hommes de cette race ont la peau couleur marron, tirant sur le rouge brique, le jaunâtre ou le cuivré.

La *race noire* comprend les Éthiopiens, les Cafres et les Nègres. La couleur de la peau chez ces peuples ne dépend pas du climat ni de l'ardeur du soleil ; elle réside dans une couche membraneuse à laquelle s'incorpore beaucoup de gélatine et qui s'étend immédiatement sous l'épiderme, c'est-à-dire sous la surface extérieure de la peau.

La *race noirâtre* comprend les Hottentots et les Papous, peuples qui occupent la pointe méridionale de l'Afrique et une presqu'île de la Nouvelle-Guinée, et qui, vivant dans un état presque sauvage, semblent faire le passage de l'homme au singe.

QUADRUMANES. — Les quadrumanes ou *singes* sont ainsi appelés parce que leurs membres postérieurs, très peu propres à servir comme pieds, font au contraire très habilement l'office de mains, et sont, aussi bien que les antérieurs, terminés par de véritables mains. Aussi c'est habituellement sur les arbres que les singes se trouvent, sautant de branche en branche avec une incroyable agilité.

Les *orangs* sont au premier rang parmi les singes, et ce sont ceux qui ressemblent le plus à l'homme : leur figure est sans barbe et garnie de favoris, ils n'ont pas de queue, leur taille est celle du Nègre ; les femelles allaitent et portent leurs petits dans les bras comme les femmes : ils sont doués d'une intelligence telle, qu'il semble qu'il ne leur manque que la parole.

Les *sapajous* sont remarquables par une queue qui peut se rouler autour des objets, et qui leur sert comme d'une cinquième main à l'aide de laquelle ils se suspendent aux branches : ils habitent les forêts américaines et ne descendent jamais des arbres.

CARNASSIERS. — On distingue dans les carnassiers :

Les *chéiroptères* ou *chauves-souris ;*

Les *insectivores*, c'est-à-dire ceux qui se nourrissent d'insectes ;

Les *carnivores*, qui se nourrissent de chair ;

Les *amphibies*, qui peuvent habiter également la terre et l'eau ;

Et les *marsupiaux* ou *animaux à bourses*.

*Chauves-souris.* — Les chauves-souris ne semblent ni quadrupèdes, ni oiseaux ; leurs pieds de devant ne sont ni des pieds, ni des ailes, quoiqu'elles s'en servent pour voler et pour se traîner. Comme les quadrupèdes, elles produisent leurs petits vivans; elles ont, comme eux, des dents et des mamelles, et donnent le jour à deux petits qu'elles portent en volant. Pendant l'hiver elles restent engourdies, accrochées aux voûtes des cavernes et des lieux ténébreux.

*Insectivores.* = *Hérisson.* — Cet animal a reçu de la nature une armure épineuse qui le défend contre ses ennemis; il dort pendant l'hiver. Quand la femelle veut allaiter ses petits, elle se couche sur le côté pour ne point les blesser de ses piquans.

*Musaraignes.* —Les plus petits des mammifères: elles ressemblent assez aux plus petites souris; quelques unes n'excèdent pas la grosseur d'un oiseau-mouche.

*Taupe.* —La main de la taupe est une sorte de pelle à l'aide de laquelle elle creuse ses souterrains: en très peu de temps elle fouille un long espace, et elle semble marcher au travers de la terre aussi librement que nous marchons dans l'air.

*Carnivores.* = *Ours.* — Les ours sont remarquables par la grandeur de leur taille. On distingue l'ours brun d'Europe et l'ours blanc. L'ours brun n'attaque jamais l'homme que lorsqu'il est provoqué; l'hiver, il reste dans un état de sommeil et comme de léthargie, dans le tronc des arbres creux ou des rochers, ou dans une hutte ombragée qu'il dispose lui-même et qu'il garnit de mousse. L'ours blanc est répandu dans les régions les plus froides de l'Asie; il passe aussi les mois de janvier et de février dans une espèce de léthargie, enseveli sous des masses de neige ou sous des amas de glace.

*Blaireau.* — Habite l'Europe et les régions tempérées de l'Asie, vit de proie, déterre les nids d'abeilles-bourdons, mange les lapins, les oiseaux, les fruits.

*Martes.* — Sous ce nom, on désigne la *marte commune*, la *fouine*, la *zibeline*, le *putois*, le *furet*, l'*hermine*, la *belette*, tous animaux qui font la guerre aux petits quadrupèdes, aux oiseaux, dépichant les nids dans les champs ou sur les branches élevées des arbres. La marte, la zibeline et l'hermine donnent une fourrure recherchée.

*Chien.* — On connaît les mœurs du chien, sa docilité, son affection pour son maître. Il conduit le troupeau du berger, combat avec nous à la chasse, et tire le traîneau de l'Ostiack. Les chiens sauvages vivent en troupes nombreuses et font la chasse aux bêtes fauves.

*Loup.* — Le loup semble n'être qu'une espèce de chien sauvage. Cet animal si féroce est plein de tendresse pour ses petits. La mère prépare pour eux un lit de mousse dans le plus épais des bois : pendant les premiers jours, elle ne les quitte pas; le mâle va lui chercher et lui apporte à manger.

*Renard.* — Ce que le loup fait par force, le renard le fait par adresse; il se loge dans un terrier, au bord des bois, à portée des hameaux, épie les volailles, chasse les levrauts en plaine, et détruit une quantité considérable de gibier.

*Civette.* — La civette est remarquable par une cavité, voisine de l'anus, au fond de laquelle s'ouvrent deux poches renfermant de petits sacs d'où s'écoule une liqueur huileuse et parfumée.

*Hyène.* — L'hyène est à peu près de la grosseur du loup. Elle se repaît de cadavres : la force des muscles de son cou est extraordinaire; on en a vu emporter dans leur gueule un fardeau énorme sans le laisser traîner à terre.

*Chats.* — Tous ces animaux, car sous ce nom on comprend le *lion*, le *tigre*, la *panthère*, ont des ongles crochus et tranchans, le naturel féroce, la mâchoire armée de dents terribles. Ils ne courent pas, ils s'élancent par bonds, recherchent la solitude et grondent à l'approche de tout être vivant.

Les *lions*, autrefois répandus en grand nombre dans l'Asie, y sont rares maintenant et y vivent confinés dans les déserts. A moins d'être pressés par la faim, ils n'attaquent les hommes que pour se défendre; mais la lionne devient terrible dès qu'elle a des petits; elle se jette alors indifféremment sur les hommes et sur les animaux, les met à mort, se charge ensuite de sa proie et la porte à ses lionceaux, auxquels elle apprend de bonne heure à sucer le sang et à déchirer la chair.

Le *tigre* est extrêmement féroce; il habite surtout les rives des fleuves, s'y met en embuscade parmi les taillis, les bambous et les herbes, s'élance sur sa proie, la déchire et en boit le sang

*Amphibies.* = Les amphibies passent la plus grande partie de leur existence dans la mer, et ne viennent à terre que pour se réchauffer au soleil ou pour y allaiter leurs petits. Tels sont les *phoques* et les *morses*. On comprend dans la famille des *phoques* les animaux appelés vulgairement *veau marin*, *chien de mer*, *ours marin*, *éléphant marin*, à cause de leurs cris différens qui imitent ceux des animaux dont ils ont reçu le nom. On les trouve réunis en troupeaux sur les rivages des terres qu'environnent les glaces du pôle; ils sont recherchés pour leur graisse huileuse. Les femelles ne font guère qu'un petit à la fois, et l'allaitent trois ou quatre mois.

Les *morses* se distinguent des phoques par leurs

dents canines, qui sont d'énormes défenses se recourbant en-bas et en arrière. Les principaux sont désignés sous le nom de *vache marine*, *cheval marin*. Ils vivent aussi par troupes nombreuses sur les côtes désertes.

*Marsupiaux.* = Dans cette espèce, les petits ne se développent pas dans le sein de leur mère comme chez les autres mammifères, mais dans une poche ou bourse extérieure formée par un repli de la peau du ventre. La mère dépose dans cette poche le germe des petits, lorsqu'ils ne sont encore que de petits corps gélatineux pesant environ un grain ; ils s'y fixent et s'y attachent à ses tétines : peu à peu ils grossissent, le sac qui les renferme s'ouvre de plus en plus ; et au bout de soixante jours, quand la mère est couchée, on les voit suspendus aux tétines, les uns en-dehors de la poche, les autres en-dedans. Quand ils sont tout-à-fait formés, ils cessent d'adhérer aux mamelles, mais ils les reprennent à volonté. Bientôt ils sortent de la poche pour se promener et pour chercher leur existence : ils y rentrent pour téter, pour dormir, et aussi pour se cacher lorsqu'ils sont épouvantés ; la mère alors fuit et les emporte avec elle. Tels sont les *sarigues* et les *kanguroos.*

RONGEURS. — On place dans l'ordre des rongeurs de petits animaux qui ont la mâchoire armée de dents incisives très fortes et très longues, et qui s'en servent pour *ronger* leur proie.

*Castors.* — Ces animaux, habitans des régions septentrionales, s'assemblent aux mois de juin et de juillet ; ils se réunissent au nombre de deux ou trois cents sur le bord des eaux pour former une peuplade, et bientôt on les voit entreprendre d'étonnans travaux. Des arbres sont abattus pour former des digues et rompre le courant de l'eau, des pieux sont enfoncés, des branchages entrelacés, de la terre est apportée pour remplir les intervalles de ce pilotis; puis des habitations se construisent au sein de l'eau : ce sont des maisonnettes d'une forme ovale ou ronde, ayant depuis quatre jusqu'à dix pieds de diamètre, et des murailles de deux pieds d'épaisseur, enduites avec propreté en dehors et en dedans; près de là sont les magasins d'écorce fraîche et de bois tendre pour la nourriture. Les planchers, solides, sont jonchés de verdure et de rameaux de buis et de sapin.

*Rats.* — Ces animaux sont remarquables par leur voracité : quand il y a disette parmi eux à cause de leur trop grand nombre, les plus forts dévorent les plus faibles. La mère soigne tendrement ses petits; elle les veille et les défend même contre les chats.

*Loirs.* — Petits animaux nocturnes qui vivent sur les arbres, sautent de branche en branche et se nourrissent de fruits : à l'approche de l'hiver, ils font leurs provisions de noisettes et de châtaignes.

*Marmotte.* — La marmotte, habitante des pays montagneux et froids, se creuse des terriers profonds où elle se renferme durant l'hiver; cette saison arrivée, elle y tombe dans une espèce de léthargie pour se réveiller au printemps. Quand l'époque est venue de récolter le foin qui doit former le lit de la troupe pendant l'hiver, les marmottes travaillent en commun; on en voit qui se couchent sur le dos, tandis que d'autres, les tirant par la queue, s'en servent comme d'un chariot pour transporter les provisions.

*Écureuils.*—Petits animaux agiles, propres, grimpans, se nourrissant de fruits secs, et faisant pour l'hiver, dans quelque tronc d'arbre, un magasin de noisettes, de noix, d'amandes et de glands.

*Porc-épic.* — Le porc-épic a le corps tout couvert de larges piquans, qu'il peut redresser et relever comme le paon relève les plumes de sa queue. Il vit dans des terriers, s'y cache pendant le jour, et passe une partie de l'hiver enseveli dans le sommeil.

*Lièvres* et *lapins.* — Ces animaux, assez semblables entre eux, ont cependant des mœurs différentes. Le lièvre vit dans la plaine, caché entre des mottes de terre; le lapin se creuse des terriers : c'est là qu'il élève ses petits, c'est là que la mère prépare pour eux un nid avec le poil arraché de son ventre.

ÉDENTÉS. — Les édentés ne sont pas privés de dents, mais ils manquent de dents incisives.

*Unau* et *aï.* — Ces deux animaux, vulgairement désignés sous le nom de *paresseux*, ont une telle lenteur de mouvemens, qu'ils ne peuvent parcourir qu'une toise en une heure. Quelquefois il leur faut plusieurs jours pour monter à l'arbre dont les feuilles les nourrissent. La femelle n'a qu'un petit qu'elle porte sur le dos aussitôt qu'il est né.

*Fourmilier.* — Entre les deux mâchoires du fourmilier est une langue longue et flexible et couverte de glu : il l'allonge et la replie autour des fourmis rassemblées et la retire bientôt toute couverte de ces insectes que retient sa salive visqueuse.

*Ornithorynque.* — Par son bec, ce quadrupède semble appartenir à la famille des oiseaux : il a d'autres rapports avec eux, car ses petits naissent de deux œufs blancs, plus petits que ceux des poules, qu'il dépose et qu'il couve dans un nid parmi les roseaux.

PACHYDERMES. — Quoique se nourrissant d'herbes

et de végétaux, les pachydermes ne sont pas ruminans.

*Éléphant.* — L'éléphant surpasse tous les animaux terrestres en grandeur et en intelligence. Il porte jusqu'à quatre milliers sur son dos et plus d'un millier pesant sur les défenses dont sa mâchoire est armée. Il est muni d'une *trompe*, merveilleux instrument dont il se sert comme d'une main et avec laquelle il prend, saisit et enveloppe les objets pour les placer sur son dos ou les porter à sa bouche. La femelle porte ses petits en les tenant embrassés avec sa trompe. On apprivoise facilement ces utiles animaux : un éléphant domestique rend à son maître plus de services que cinq ou six chevaux ; au pas ordinaire il fait à peu près autant de chemin qu'un cheval au petit trot.

*Hippopotame.* — L'hippopotame ne se trouve guère que dans les fleuves de l'Afrique ; sa tête est longue de trois pieds et demi et a six pieds de circonférence ; il paît sur le bord des étangs et des rivières, se jette dans l'eau aussitôt qu'on l'attaque, et marche au fond comme il le ferait sur un terrain sec.

*Sangliers, cochons.* — Paraissant appartenir à une même espèce, les premiers sont sauvages ; les autres, domestiques : le cochon est l'un des animaux les plus utiles à l'homme.

*Rhinocéros.* — Il habite les contrées les plus chaudes de l'Asie et de l'Afrique ; c'est un animal d'une grande taille, remarquable par une ou deux cornes solides, adhérentes à la peau et placées sur les os du nez. Telle est la dureté de sa peau, que l'acier ne peut l'entamer et que les balles de plomb s'aplatissent dessus.

*Cheval.* — Ami de l'homme, le cheval partage avec lui ses travaux et s'exténue pour le servir. Il existe des chevaux sauvages dans l'Amérique méridionale; ils marchent en troupes nombreuses, précédés d'éclaireurs qui les avertissent du danger.

*Ânes.* — C'est en Arabie et en Perse qu'existent les plus belles races d'ânes : les ânes sauvages habitent les déserts des mers Caspienne et Oural; ils vont par troupes pâturer et boire, et observent une sorte de discipline et de tactique pour se défendre contre les bêtes féroces.

*Zèbre.* — Très semblable par la forme à l'âne domestique, cet animal est caractérisé par sa couleur fond blanc-glacé jaunâtre et rayé d'un brun presque noir. Il est originaire de l'Afrique et il y vit en troupes comme les chevaux et les ânes sauvages.

RUMINANS. — Par une disposition particulière de leur organisation, les ruminans peuvent, après avoir ingéré les alimens dans leur estomac, les mâcher et les triturer de nouveau. Ce phénomène tient à l'existence de quatre poches stomacales dans lesquelles les alimens sont reçus.

*Chameau.* — Le chameau, originaire de l'Arabie, pays le plus aride du monde, a été merveilleusement approprié à ce climat : il peut passer plusieurs jours sans boire; la nature lui a donné une cinquième poche dans l'estomac, qui lui sert à conserver l'eau qu'il a bue pour en imbiber au besoin ses alimens. Monté sur un chameau, un Arabe peut traverser trente lieues de désert en un jour : instruit par son maître, cet animal plie le genou et s'incline pour recevoir son fardeau.

*Dromadaire.* — Le dromadaire n'a qu'une seule

protubérance sur le dos, tandis que le chameau en a deux. Il est encore plus léger à la course que le chameau, auquel d'ailleurs il ressemble par les mœurs et la manière de se nourrir.

*Lamas.* — Les lamas habitent les sommets couverts de neige des Andes et des Cordilières, dans le Nouveau-Monde. Ils y sont répandus en très grand nombre : leur chair est bonne à manger ; leur poil est une laine fine : ils servent comme bêtes de charge et portent ordinairement cent cinquante à deux cents livres, par des chemins escarpés, impraticables à tous les autres animaux ; ils sont pleins de douceur et plient le genou avec docilité pour recevoir leur charge.

*Vigogne.*—La vigogne a beaucoup de ressemblance avec le lama ; elle habite les sommets couverts de neiges perpétuelles des montagnes des Andes.

*Chevrotins, cerfs, élans, daims, chevreuils.* — Tous ces animaux ont entre eux des rapports de formes et de mœurs. Les chevrotins ne diffèrent des cerfs que par l'absence de cornes ; ils habitent l'Asie : leur taille est celle du lièvre. Les cerfs, remarquables par leur forme élégante et légère, et par le bois dont leur tête est ornée, sont habitans des forêts et en sortent pour brouter dans les pays découverts. L'élan est le plus grand de tous les cerfs ; sa tête est surchargée d'un bois très pesant, qui, comme celui du cerf, tombe à la fin de l'automne et repousse au printemps.

*Renne.* — Cet animal appartient à la famille des cerfs. Confiné au nord de l'Europe, de l'Asie et de l'Amérique, dans des pays où s'étendent de vastes plaines de neige : seul, il suffit à tous les besoins des habitans de ces climats glacés : il leur donne son lait, il les transporte dans des traîneaux sur la neige, sa peau les habille, sa chair les nourrit. Attelé à un léger traîneau, il peut faire aisément trente lieues par jour : il vit en hiver d'une mousse blanche qu'il sait trouver sous la neige ; et en été, de bourgeons et de feuilles d'arbres.

*Girafe.* — Ce quadrupède est le plus élevé de tous les animaux : il a d'ordinaire de treize à dix-huit pieds de haut ; sa robe blanchâtre est parsemée de taches nombreuses. Les girafes habitent l'Afrique méridionale, où elles marchent par petites troupes : elles sont très rapides à la course ; un cheval au galop ne peut les atteindre.

*Antilopes.* = On comprend sous ce nom général la *gazelle*, le *bubale* ou *vache de Barbarie*, le *chamois*, etc. Tous ces animaux à cornes creuses, rondes, ayant des anneaux en spirale, sont d'un caractère doux et sociable ; leurs formes sont élégantes et légères : ils vivent en grandes troupes. Le chamois habite le sommet des plus hautes montagnes de l'Europe.

*Chèvre.* — La chèvre domestique est l'amie du pauvre, dont elle habite la cabane. Elle aime à vivre en vagabonde, dans des lieux escarpés, et à brouter au bord des précipices. Les *bouquetins* et toutes les espèces sauvages de cette famille recherchent comme elle les sommets des montagnes, et jamais ne descendent dans les vallées.

*Mouton.* — Le mouton fournit à l'homme de quoi se nourrir et se vêtir ; en lui tout est utile, sa peau, son poil, son lait, même ses boyaux et ses os. Les espèces sauvages habitent, comme les chèvres, les parties élevées des hautes montagnes et ont les mêmes mœurs.

*Bœuf.* — Le bœuf est le domestique le plus utile à l'homme, il laboure la terre, il transporte les récoltes; la vache nous nourrit de son lait et traîne aussi la charrue. Les espèces sauvages sont : l'*aurochs,* qui habite les grandes forêts de la Pologne; le *bison* ou *bœuf d'Amérique ;* le *buffle*, dont la peau est noire et presque nue, et qui s'est propagé en Afrique, en Grèce et en Italie; le *buffle du Cap* et le *buffle musqué,* qu'on voit en grandes troupes dans les terres stériles du nord de l'Amérique.

Cétacés. — Bien qu'appartenant à la classe des mammifères par de nombreux caractères, et notamment par les mamelles, les cétacés sont cependant habitans des eaux, et leurs formes extérieures sont plus semblables à celles des poissons qu'à celles des quadrupèdes. N'étant point pourvus des organes de respiration que la nature a donnés aux poissons, ils sont obligés de venir respirer à la surface de l'eau; mais la Providence y a pourvu en plaçant l'orifice respiratoire au point le plus élevé de leur tête. Ils lancent en jets, par des conduits appelés *évents*, l'eau qu'ils ont reçue par la bouche.

*Lamantins.* — On ne trouve pas de lamantins dans la haute mer, mais seulement au voisinage des côtes. Sans aucune défiance de l'homme, ils s'en laissent approcher et toucher; leur chair est très bonne: ils montrent beaucoup d'attachement pour leurs semblables, et l'on a vu souvent les petits ou le mâle suivre avec constance la femelle que les pêcheurs traînaient au rivage.

*Dauphins.* — Les dauphins sont presque de la grosseur des petites baleines ; ils suivent en troupes les vaisseaux en pleine mer : les mamelles de la femelle sont placées près de l'aîne.

*Narwals.* — Les narwals sont remarquables par une défense ou dent longue de plusieurs mètres, qui les fait redouter. Leur taille varie de quinze à quarante-cinq pieds de longueur ; on en a vu implanter leur longue défense dans la carène des vaisseaux et dans le corps des baleines.

*Baleine.* — La baleine est le plus grand des cétacés : elle atteint soixante, quatre-vingts et jusqu'à cent pieds de longueur. L'immensité de sa taille n'empêche pas cependant la vitesse de sa course. Elle fait la chasse aux harengs, aux merlans, aux maquereaux. La femelle ne porte ordinairement qu'un seul petit ; quand il est jeune, elle le prend et le serre sous ses aisselles et le transporte ainsi en nageant : plus tard, il suit sa mère jusqu'à ce qu'elle ait un nouveau produit. On fait la pêche de la baleine pour l'huile que contient sa chair, et pour ses fanons appelés *baleines.*

*Cachalots.* — Les cachalots, beaucoup moins grands que la baleine, ont, en raison de l'étendue de leur pharynx, la possibilité d'engloutir des proies plus volumineuses, et l'on a trouvé dans leur estomac des poissons entiers ayant jusqu'à dix pieds de longueur. Ils marchent en troupes ; les femelles, beaucoup plus nombreuses que les mâles, sont conduites par deux ou trois de ceux-ci. Au-dessus du crâne des cachalots on trouve une substance nommée *spermaceti* qui est employée dans la médecine et dans les arts.

*OISEAUX.* — On distingue dans les oiseaux : les *oiseaux de proie,* les *omnivores,* les *insectivores,* les *granivores,* les *zygodactyles,* les *anisodactyles,* les *alcyons*, les *chélidons*, les *pigeons*, les *gallinacés*, les *alectrides*, les *coureurs*, les *grolles*, les *pinnatipèdes* et les *palmipèdes*.

Oiseaux de proie. — Les oiseaux de proie ou *rapaces* ont un bec court et robuste, courbé à son extrémité, et des pieds armés d'ongles puissans et acérés. Ils se nourrissent de chairs palpitantes ou de cadavres en putréfaction; et se plaisent sur les rochers et les terres élevées, d'où ils s'élancent sur leur proie.

Dans cette famille on range les *vautours*, les *faucons*, que, malgré leur caractère sauvage, on parvient à apprivoiser et dont on se sert pour la chasse; le *milan*, l'*autour*, la *buse*, l'*aigle*, appelé le *roi des oiseaux*, qui vit solitaire sur les rochers escarpés; les *chouettes* et les *hibous*, qui se cachent pendant le jour dans les troux caverneux, et qui, la nuit, font la chasse aux oiseaux endormis, aux souris, aux mulots et aux taupes.

Omnivores. — Les omnivores se nourrissent de toute espèce d'aliment: ce sont les *calaos*, qui habitent les Indes et l'Afrique; les *corbeaux*, remarquables par l'attachement toujours constant du mâle pour une même femelle; les *geais*, les *pies*, les *loriots*, les *martins*, qu'on voit se mêler aux bestiaux et se poser sur leur dos pour se nourrir de leur vermine; les *étourneaux*; et les *oiseaux de paradis*, habitans de l'Inde, ornés d'un riche plumage tout éclatant d'or et d'émeraude.

Insectivores. — A cette classe appartiennent les *merles*, les *fourmiliers*, qui peuplent les forêts de l'Amérique; les *pies-grièches*, les *gobe-mouches*; les *sylvies*, aimables habitans des bois, parmi lesquels on compte le *rossignol* au doux ramage, la *fauvette*, le *roitelet*, le *rouge-gorge;* et enfin les *bergeronnettes*, ainsi nommées parce qu'elles aiment à voltiger autour des troupeaux et des bergeries.

GRANIVORES. — Cette nombreuse famille comprend les *alouettes*, les *mésanges*, qui font éclore d'une seule couvée et nourrissent une famille de quinze à vingt petits; les *bréans*, les *tangaras*, les *bouvreuils ;* et les *gros-becs*, nom général sous lequel on désigne le *cardinal*, le *chardonneret*, la *linote*, le *moineau*, le *pinson*, le *serin*, le *tarin*, etc.

ZYGODACTYLES. — On applique ce nom à certains oiseaux remarquables par la conformation de leurs pieds qui sont armés de quatre doigts, rarement de trois, et jamais de plus de deux en avant. Tels sont l'*indicateur*, qui, dans les forêts de l'Afrique, indique à l'homme, par ses cris, les ruches d'abeilles cachées dans le creux des arbres; les *coucous*, qui déposent leurs œufs dans des nids étrangers, un seul dans chaque nid, confiant ainsi à plusieurs mères différentes le soin d'élever leur famille; les *toucans* au bec énorme, habitans du Brésil et du Pérou; les *perroquets*, qui peuvent imiter la voix de l'homme: et les *pics*, dont le bec robuste creuse dans le tronc des grands arbres un trou, pour y déposer leurs œufs.

ANISODACTYLES. —Les anisodactyles ont trois doigts devant et un derrière, tous armés d'ongles longs et recourbés. On place dans cette famille les *grimpereaux*, les *huppes*, et les *colibris*, charmans oiseaux, véritable bijou de la nature, au plumage d'or, de rubis, de topaze et d'émeraude, si petits qu'une feuille et un brin de paille peuvent supporter leur nid, que leurs œufs n'ont que la grosseur d'un pois, et leurs petits, en naissant, celle d'une mouche commune.

Alcyons. — Les alcyons vivent sur le bord des eaux et le rivage des mers : tels sont les *martins-pêcheurs*, qu'on voit, immobiles sur les rives, guetter les petits poissons dans les eaux transparentes ; et les *martins-chasseurs*, qui préfèrent le séjour des bois.

Chélidons. — Sous ce nom sont compris les *hirondelles* et les *martinets*. Ces oiseaux arrivent avec les beaux jours, et partent à l'approche des hivers pour des climats plus doux ; ils reviennent fidèles aux lieux de leur naissance, et se réunissent en troupes pour partir ensemble à un signal donné.

Pigeons. — Tout le monde connaît ces oiseaux, de mœurs si douces et si aimables ; leurs diverses espèces sont répandues dans toutes les parties du monde.

Gallinacés. — Cette riche famille est un des plus beaux présens que nous ait faits la nature. Elle comprend les *paons* au riche plumage ; les *coqs*, dont la femelle, la *poule*, est la richesse de la basse-cour : les *dindons*, apportés du Mexique ; les *faisans, l'argus*, la *pintade*, les *perdrix* et les *cailles*.

Alectrides. — Deux espèces bien remarquables sont indiquées sous ce nom : les *agamis* et les *kamichis*. Ces oiseaux, de la grosseur des faisans, habitans paisibles des forêts et des savanes de l'Amérique méridionale, sont devenus des domestiques utiles à l'homme : on les prépose à la garde des volailles de la basse-cour ; ils les conduisent aux champs, les en ramènent et maintiennent l'ordre dans la troupe.

Coureurs. — Ces oiseaux sont mieux organisés pour la course que pour le vol ; tels sont l'*autruche*, géant des oiseaux, dont la hauteur est de sept à huit pieds et le poids de quatre-vingts livres ; il habite les sables brûlans de l'Afrique ; ses plumes, légères et flexibles, sont la parure des dames ; le *casoar*, oiseau de cinq pieds de long, monté sur des pieds hauts et robustes dont il se sert pour se défendre des chiens ; l'*outarde*, gibier des plus recherchés, qui habite principalement l'Italie et le Piémont.

Grolles. — Oiseaux à pieds grêles et longs, à bec très allongé, qui se nourrissent d'insectes aquatiques et de coquillages, et qui ont de longues ailes propres aux voyages lointains qu'ils entreprennent aux changemens de saisons. Tels sont les *pluviers*, qui, vivant en troupes, ont toujours des sentinelles qui veillent à la sûreté commune ; les *vanneaux*, les *grues*, les *hérons*, qui vivent solitaires, attendant, sur le bord des lacs et des marais, le poisson dont ils se nourrissent ; les *cigognes*, qui entreprennent des voyages de long cours, mais reviennent toujours aux lieux qu'elles ont quittés ; les *flamans* au plumage rouge-rose, qui aiment les plages baignées par les eaux de la mer ; les *courlis*, les *bécasseaux*, les *bécasses*, les *bécassines* et les *râles*.

Pinnatipèdes. — Les pinnatipèdes se distinguent par leurs doigts garnis de chaque côté de membranes qui les accompagnent sans les unir : comme les *foulques*, qui vivent en société dans les étangs, les marais et les lacs, et quittent rarement l'eau ; et les *grèbes*, les plus habiles de tous les oiseaux-nageurs, qui se plaisent dans les flots agités de la mer.

Palmipèdes. — Les doigts antérieurs de ces oiseaux sont garnis de membranes qui font de leurs pieds de véritables rames à l'aide desquelles ils fendent facilement les flots. A ce genre appartiennent les *sternes* ou *hirondelles de mer*, voyageuses comme les hirondelles terrestres; les *mouettes* ou *mauves;* les *canards*, famille nombreuse qui comprend, outre les canards proprement dits, les *cygnes*, les *oies*, les *sarcelles*, etc.; les *pélicans*, oiseaux-pêcheurs, qui, saisissant le poisson avec adresse, l'introduisent dans une poche dont leur bec est muni, et le conservent ainsi jusqu'au moment de s'en repaître; et les *cormorans*, pêcheurs non moins habiles, qui plongent dans l'eau, saisissent le poisson avec leurs pieds comme avec une main, le lancent ensuite en l'air, et le reçoivent, la tête la première, dans leur bec ouvert.

*REPTILES.* — Les reptiles n'ont ni plumes, comme les oiseaux, ni poils, comme les mammifères; plusieurs pondent des œufs, mais ils ne les couvent pas. Ils ne donnent pas à leur progéniture les soins touchans que lui prodiguent les autres animaux; ils ne savent que nager ou ramper sur la terre. La plupart sont *ovipares*, c'est-à-dire qu'ils se reproduisent par les *œufs;* d'autres sont *vivipares*, c'est-à-dire qu'ils produisent des petits *vivans*.

On distingue dans les reptiles quatre ordres différens : les *chéloniens* ou *tortues*, les *sauriens* ou famille des *crocodiles* et *lézards*, les *ophidiens* ou *serpens*, les *batraciens* ou famille des *grenouilles*.

Chéloniens. — Les *tortues* sont remarquables par l'enveloppe osseuse qui les protége : cette enveloppe, vulgairement appelée *écaille*, forme un double bouclier sous lequel la tête, la queue et les quatre membres peuvent rentrer lorsque la tortue a besoin de les protéger. La taille de ces animaux varie suivant les espèces; il en est qui pèsent jusqu'à six cents livres : les *tortues de mer* paissent les herbes au fond de l'eau ; elles pondent leurs œufs dans le sable du rivage, où la chaleur les fait éclore.

SAURIENS. — Ces animaux se traînent pour la plupart sur quatre pates; leur bouche est garnie de dents, leurs pieds sont armés d'ongles, leur peau est recouverte d'écailles.

Les *crocodiles* ont à peu près la forme extérieure des *lézards*; une écaille épaisse les couvre comme une armure, leur mâchoire est armée de dents aiguës. Ils seraient les plus redoutables des animaux, s'ils n'en étaient les plus lourds et les plus pesans. Ils habitent principalement les rivages des fleuves de l'Afrique. La femelle pond deux ou trois fois par an une vingtaine d'œufs qu'elle enterre dans le sable, et que la chaleur fait éclore au bout de quinze jours.

Les *lézards*, petits animaux élégans, courageux, agiles, innocens, se nourrissent de moucherons, d'insectes, d'œufs de petits oiseaux; leur chair est bonne à manger. Ils sont doux et s'apprivoisent facilement.

Le *caméléon* a une forme bizarre, quoique se rapprochant de celle du lézard. Il se perche comme un oiseau sur les branches des arbres, et y darde habilement sa langue pour saisir au vol les mouches dont il se nourrit. Par un phénomène particulier, la couleur de sa peau prend des nuances différentes suivant qu'il la distend ou la gonfle plus ou moins.

OPHIDIENS. — Dans cette famille on distingue surtout les *boas*, les *serpens à sonnettes*, les *vipères*, les *couleuvres*, les *hydres*.

Les *boas* sont les plus grands des serpens ; on en voit qui ont jusqu'à quarante pieds de longueur. Ils ne sont pas venimeux, mais leur force et leur agilité les rendent redoutables : tapis sous l'herbe ou suspendus aux branches, ils s'élancent sur leur victime, l'entourent, la pressent et l'écrasent dans leurs replis tortueux; quand ils ont ainsi broyé ses os, ils la hument lentement sans la mâcher, et peuvent de cette manière dévorer des hommes, des chevaux, des gazelles.

Les *crotales* ou serpens à sonnettes ont la queue garnie, à son extrémité, d'appendices ayant la forme de grelots ronds, et qui, d'une substance pareille à celle de leurs écailles, produisent par le mouvement un bruit semblable à celui d'un parchemin froissé : ce sont ces appendices que l'on nomme *sonnettes*. Ces serpens habitent les contrées les plus chaudes de l'Amérique : leur morsure est extrêmement venimeuse ; en quelques secondes elle cause une enflure qui s'étend rapidement par tout le corps et donne aussitôt la mort. Heureusement ce terrible animal n'attaque jamais que quand il y est poussé par la faim ou par des provocations réitérées.

Les *vipères*, assez communes dans nos contrées, ont un venin redoutable qui coule de deux crochets dont leur mâchoire supérieure est armée.

Les *couleuvres* se distinguent à leur tête aplatie, ovale et oblongue, avec un museau obtus et même un peu échancré. Elles sont tout-à-fait sans venin, et elles vivent d'insectes, de petits poissons, de grenouilles ; pendant l'hiver, elles restent engourdies.

Les *hydres* ou *serpens d'eau* habitent en général les mers de la Nouvelle-Hollande : ils se tiennent sans cesse dans l'eau et se nourrissent de poissons : leur mâchoire est armée de dents, dont la première, plus grosse que les autres, contient un venin dangereux.

BATRACIENS. — Dans cette famille on compte les *grenouilles*, les *rainettes* qui se distinguent des grenouilles par des pates plus longues et qui habitent ordinairement sur les arbres; les *crapauds* qui, lorsqu'on les tourmente, lancent par l'anus une liqueur qui, si elle arrivait jusqu'aux yeux, pourrait causer de vives douleurs; et les *salamandres*, reptiles disgracieux, habitant les lieux sombres et marécageux, et dont la peau se couvre d'une humeur blanchâtre et gluante qui, lorsqu'on les expose sur le feu, les garantit quelque temps de la brûlure.

Tous ces animaux sont remarquables par leur singulière métamorphose : au sortir de l'œuf, ce sont de véritables poissons, sous le nom de *têtards*, dont le corps se termine par une queue en nageoire; insensiblement la queue disparaît, des pates se montrent, et l'animal prend de nouvelles formes. Aux approches de l'hiver les grenouilles vont chercher un asile au fond de la vase des marais; elles y restent engourdies et peuvent y geler sans mourir.

*POISSONS*. — Les poissons ne sont pas moins merveilleusement disposés pour nager que les oiseaux pour voler. Vivant sans cesse dans l'eau, il leur a fallu un mode particulier de respiration; et c'est dans leurs *branchies* que l'eau, entrant par les ouvertures des *ouïes*, agit sur leur sang au moyen de l'air qu'elle contient. Presque tous les poissons sont *ovipares*. La femelle pond ses œufs, appelés *frai*, et le mâle, après la ponte, les féconde en passant dessus. Le nombre en est considérable : on en a compté jusqu'à 9,500,000 dans la morue; 1,300.000

dans le carrelet; 7,500,000' dans l'esturgeon.

On distingue les poissons à squelette *cartilagineux*, c'est-à-dire *composé de cartilages*, et les poissons à squelette *osseux*. Parmi les premiers on compte les *lamproies* ou *poissons-suceurs*, habitans de la Méditerranée; les *requins*, véritables tigres de mer, dont la bouche est armée de dents tranchantes et pointues, et qu'on voit suivre les vaisseaux et souvent saisir les hommes qu'un accident fait tomber à la mer; la femelle produit deux petits vivans qui naissent d'œufs éclos dans son corps; les *scies*, dont le museau, qui s'allonge en forme de bec, est muni de chaque côté d'épines fortes, osseuses, tranchantes et pointues, tellement qu'avec cette arme redoutable elles ne craignent pas d'attaquer la baleine; les *raies*, la *torpille*, espèce de raie, qui, par une propriété particulière, frappe d'engourdissement tous ceux qui la touchent; et les *esturgeons*, qui habitent indifféremment les fleuves et les rivages des mers, où ils se nourrissent en fouillant la vase avec leur museau comme le porc avec son grouin.

Les poissons à squelette osseux sont plus nombreux encore: ce sont les *anguilles*, qu'on trouve répandues sur toute la surface du globe; les GADES, famille à laquelle appartiennent la *morue*, le *merlan* et la *merluche*; les *pleuronectes*, aux formes aplaties, qui, vivant au fond des eaux, glissent sur la vase et le sable pour y chercher leur pâture comme les *carrelets*, les *turbots*, les *soles*; les SCOMBRES, parmi lesquels on distingue le *thon* et les *maquereaux* (ces derniers, nageant en troupes composées de myriades d'individus, partent du nord, se divisent en bandes, et se dirigent vers le midi); les *muges*, poissons agiles, qui s'élancent hors de l'eau et semblent voler; les CYPRINS, espèce d'eau douce, à laquelle appartiennent la *carpe*, la *dorade*, le *barbeau*, le *goujon*, la *tanche*; les CLUPES, genre fertile en poissons utiles à l'homme, notamment le *hareng*, la *sardine*, l'*alose*, l'*anchois*. Au commencement de chaque année, on voit les *harengs* arriver du nord en légions innombrables et se répandre vers les régions méridionales de l'Europe et de l'Amérique. C'est une véritable manne envoyée aux hommes pour leur nourriture : il est des baies dans le nord où l'on en pêche plus de vingt millions, et cette pêche est pour les Hollandais surtout l'objet d'un commerce important. A ces espèces ajoutez les *saumons*, qui habitent les mers atlantiques et se tiennent à l'embouchure des rivières, et qui, entreprenant de longs voyages comme l'hirondelle, reviennent comme elle aux lieux où ils sont nés; et les *ésoces*, poissons agiles et voraces, dont le *brochet* est l'espèce principale.

---

## MOLLUSQUES.

On appelle *mollusques* des animaux n'ayant point de squelette articulé ni de canal vertébral, mais des vaisseaux et des organes respiratoires distincts. La plupart sont protégés par une *coquille* dans laquelle ils se renferment, ce qui les fait aussi désigner sous le nom de *coquillages*.

Les coquilles offrent une immense variété de formes. On appelle *univalves* celles qui se composent d'*une seule partie* le plus souvent tournée en spirale, comme les limaçons; *bivalves*, celles qui se composent de *deux parties* réunies par une charnière comme les huîtres; *multivalves*, celles qui se composent de *plusieurs parties* simplement soudées entre elles ou réunies par la peau.

Les mollusques se distinguent encore par un *manteau*, ou développement de la peau, qui est destiné à les revêtir plus ou moins complètement et qui varie dans sa forme, ayant tantôt celle d'un sac, parfois celle d'un tuyau, ou s'étendant en ailes ou en nageoires.

On distingue dans ces animaux six familles principales.

1° Les mollusques CÉPHALOPODES, ayant une *tête distincte*, autour de laquelle se placent des tentacules en forme de *pieds* ou de bras, qui leur servent moins pour marcher que pour enlacer ou presser ce qu'ils veulent saisir. Telles sont les *seiches* ou *sépias*, qui ont en elles une poche renfermant une liqueur noire employée dans la peinture; quand l'animal craint quelque danger, il trouble l'eau en lâchant cette liqueur, et échappe à la faveur du nuage noirâtre dont il s'entoure. Tels sont encore les *nautiles* et les *argonautes*, coquillages admirables ayant la forme d'une *chaloupe* ancienne: l'animal, voguant sur l'eau dans cette nacelle, agite plusieurs bras comme des rames et en élève un autre armé de membranes, qui lui sert de voile.

2° Les mollusques PTÉROPODES, à tête distincte, ayant deux *ailes* ou nageoires membraneuses aux deux côtés du cou; ce sont les *clios*, les *clergodures*, les *cymbulies*, les *spiratelles*, coquillages presque microscopiques mais tellement abondans qu'ils servent de nourriture à la baleine; et les *hyales*.

3° Les mollusques GASTÉROPODES, à tête ordinairement distincte, se *traînant* sur le disque charnu de leur *ventre*. Parmi les nombreuses espèces appartenant à cette famille, nous citerons les *hélices* ou *limaçons*, les *limaces*. les *porcelaines*, les *buccins*.

4° Les mollusques ACÉPHALES, à *tête non distincte*, ayant la bouche cachée au fond de leur manteau, comme les *huîtres*, les *jambonneaux*, les *moules*, les *tarets*. Les huîtres vivent attachées aux rochers ou corps sous-marins, sans jamais changer de place. Quand le sol leur est favorable, elles s'y accumulent et forment ce qu'on appelle des *bancs* d'huîtres : il y en a de plusieurs lieues d'étendue. Les jambonneaux portent de longs filamens soyeux d'une telle souplesse qu'ils peuvent être filés et employés à faire des étoffes. C'est dans les huîtres et les jambonneaux qu'on trouve ces perles brillantes recherchées pour la parure et connues sous le nom de *perles fines*.

5° Les mollusques BRACHIOPODES, à tête non-distincte, la bouche en avant, entourée de deux longs *bras* charnus que l'animal peut faire sortir à volonté du manteau qui les renferme : ce sont les *lingules*, les *térébratules* et les *orbicules*.

6° Les mollusques CIRRHIPODES, qui ne comprennent qu'un seul genre, les *lépas* ou *balanes*, animaux à corps conique recourbé, terminé par une sorte de queue et pourvu de chaque côté d'espèces d'antennes qui aident à la natation et qu'on appelle *cirrhes*. Ils vivent en société, placés les uns sur les autres, tapissant les rochers et les bois flottans.

---

## ANIMAUX ARTICULÉS.

Cette grande famille, composée de petits animaux dont le corps et souvent les membres sont recouverts d'anneaux *articulés* d'une substance dure, solide et plus ou moins flexible, comme les *vers de terre*, les *arraignées*, les *insectes*, etc., se divise en quatre classes : les *annélides*, les *crustacés*, les *arachnides* et les *insectes*.

1° Les ANNÉLIDES ont le corps allongé et divisé en un grand nombre de segmens ou *anneaux* ; leur sang est rouge : tous vivent dans l'eau, à l'exception du ver de terre. A ce genre appartiennent notamment les *tubicoles*, les *lombrics* ou *vers de terre*, et les *sangsues*. Les lombrics se nourrissent de terre ; leur respiration paraît s'effectuer à la surface de la peau. La bouche des sangsues se compose de trois petites mâchoires munies de dents très fines, qui leur servent à entamer l'épiderme des animaux pour leur sucer le sang.

2° Les CRUSTACÉS se distinguent par un corps enveloppé d'un *test* dur, comme les *crabes*, les *écrevisses*, les *homards* ou *écrevisses de mer*. Les écrevisses sont les animaux les plus remarquables que la nature ait produits. La femelle pond de vingt à trente œufs, qui sont fixés aux filets mobiles qui garnissent sa queue. Quand les petits sont éclos, ils trouvent leur refuge sous le ventre de leur mère, jusqu'à ce que leur test soit assez fort pour les protéger. Tous les ans, au mois de mai, les écrevisses renouvellent leur enveloppe ; elles se dégagent péniblement de leur vieille carapace et en sortent couvertes d'un nouveau vêtement. Quand on leur coupe les pates, les antennes, les mâchoires, elles ont la faculté de reproduire ces organes, et chaque membre mutilé se reforme en quelques jours.

3° Les ARACHNIDES forment une intéressante famille, dans laquelle se trouvent notamment les *arai-*

*gnées*, les *tarentules*, les *scorpions*. L'abdomen de l'araignée contient des vaisseaux soyeux, longs, repliés sur eux-mêmes, dans lesquels s'élaborent ses fils : quand elle veut s'établir au-dessus d'un espace qu'elle ne peut franchir à la course, elle fixe l'un des bouts de son fil contre un arbre et abandonne l'autre au souffle du vent ; l'extrémité du fil s'attache ainsi, au moyen de sa viscosité, à un autre point d'appui, et l'araignée passe sur ce pont léger. Les femelles des *tarentules* pondent jusqu'à deux cents œufs ; et la mère prévoyante, les renfermant dans une espèce de sac ou cocon, se charge de ce précieux fardeau et le porte partout avec elle. La piqûre du scorpion est venimeuse : celle du scorpion noir d'Afrique peut causer la mort en quelques heures.

4° Insectes. — Toutes les merveilles de la nature semblent renfermées dans ces petits animaux, dont on compte plus de 50,000 espèces. Leur corps se divise en trois parties distinctes : la *tête*, le *corselet*, l'*abdomen*. Ils ont des ailes ; beaucoup ont en outre des *élytres*, espèces d'ailes d'une substance dure, qui forment comme un demi-étui pour la moitié inférieure du corps, et sous lesquelles les véritables ailes se cachent et se replient. Leurs métamorphoses sont un des phénomènes les plus étonnans de la nature. Le mâle meurt après que la femelle est fécondée ; et la femelle, lorsqu'elle a pondu ses œufs. L'œuf éclôt ; mais le petit n'a aucune ressemblance avec son père et sa mère ; c'est un ver mou, appelé *chenille* dans les papillons et *larve* dans les autres insectes. Parvenue à sa croissance, la chenille s'enveloppe d'un cocon et se change en *chrysalide* ; la larve se change en *nymphe* :

ils restent ainsi quelque temps, ayant l'apparence de la mort, jusqu'au jour où l'insecte sort plein de vie de sa prison.

Parmi les nombreuses espèces d'insectes, nous citerons les *cicindèles*, les *élatérides*, les *grillons*, les *sauterelles*, les *boucliers* ou *porte-morts*, qui se réunissent plusieurs pour enfouir une taupe et se repaître paisiblement de son cadavre; la *cochenille*, qui vit appliquée contre les végétaux dont elle suce la sève et qui fournit une couleur très recherchée : le *fourmilion*, petit animal dont la larve tend aux autres insectes un piége en forme d'entonnoir et se cache au fond de ce piége pour les dévorer quand ils y tombent; les *fourmis*, les *abeilles*, et les *papillons* ou *lépidoptères*.

Les *fourmis* se réunissent en sociétés nombreuses dans lesquelles on distingue les *mâles*, les *femelles* et les *neutres* ou *travailleuses*. Les mâles naissent les premiers; ils sont pourvus d'ailes et s'envolent aussitôt de la fourmilière pour n'y plus revenir; les femelles ont aussi des ailes, mais elles s'en débarrassent elles-mêmes et rentrent au gîte. Les travailleuses les entourent alors, les soignent, reçoivent les œufs qu'elles pondent et s'occupent des soins de la maison.

Dans les familles d'*abeilles* on distingue aussi trois sortes d'individus, les *femelles*, les *mâles* et les *ouvrières*. Chaque essaim a pour guide et pour chef une seule femelle ou reine, qui est l'objet des soins de tous les habitans de la ruche : les mâles ne s'occupent que de la propagation de l'espèce ; ce sont les ouvrières qui travaillent la cire et le miel, font des approvisionnemens, et soignent les vers ou larves qui naissent des œufs produits par les femelles. Avec sa trompe, l'abeille suce la liqueur mielleuse des fleurs ; elle se couvre ensuite de la poussière de leurs étamines et revient à la ruche. Cette poussière de fleurs est une provision pour la nourriture commune : l'abeille s'en décharge en arrivant et on en fait de grands magasins. La cire est sécrétée entre les lames des anneaux circulaires dont se compose l'abdomen de l'abeille ; elle la détache, la brise, la pétrit et en forme ses rayons. Le miel au contraire est dégorgé après avoir subi une certaine élaboration dans l'estomac, et est déposé dans les cellules.

---

## ZOOPHYTES OU ANIMAUX RAYONNÉS.

Ces animaux forment en quelque sorte le passage des animaux aux plantes ; quelques uns ressemblent à des fleurs par leurs formes *rayonnantes*. Pour plusieurs, les organes de la nutrition ne consistent qu'en une cavité intérieure s'ouvrant en dehors par plusieurs suçoirs ; dans d'autres, ces organes manquent entièrement ; plusieurs se reproduisent par bourgeons et par division. On les distingue en cinq classes :

1° Échinodermes. — Les échinodermes vivent dans l'eau : leur corps est revêtu d'une *peau épineuse* et coriace ; ils ont des organes de respiration : les uns ont des pieds, les autres n'en ont pas. Tels sont les *astéries* ou *étoiles de mer*, les *oursins* ou *hérissons de mer* ; une seule partie de ces animaux, brisée et isolée du reste du corps, continue à jouir de la vie et devient bientôt animal parfait.

2° Intestinaux. — Les intestinaux n'ont ni membres,

ni organes de respiration et de circulation ; ils naissent, vivent, engendrent et meurent dans les *intestins* et le corps d'autres animaux vivans. Dans leur nombre sont les *ténias*, qui habitent les intestins de l'homme et de plusieurs animaux, et qui atteignent quelquefois jusqu'à cent pieds de longueur.

3° Acalèphes ou orties de mer. Les orties de mer sont ainsi appelées à cause de la propriété qu'ont plusieurs de ces animaux de causer, quand on les touche, une piqûre brûlante semblable à celle de l'ortie. Leur forme est toujours circulaire ; ils n'ont qu'une ouverture extérieure qui sert à-la-fois à recevoir et à rejeter les alimens. Les uns restent attachés aux roches, comme les *actinies* ou *anémones de mer* ; les autres nagent dans les eaux et, dans leurs mouvemens rapides, répandent des lueurs phosphoriques qui font briller les vagues de la mer comme des flammes : telles sont les *méduses* et les *porpites*.

4° Polypes. Les polypes ont l'aspect de plantes : ce n'est qu'en les regardant de près qu'on les voit avaler et digérer des proies vivantes. Ils se composent d'une espèce de sac vivant, dont la partie postérieure est exactement fermée et dont l'orifice sert à-la-fois à recevoir les alimens et à les rejeter quand ils ont été digérés. On distingue dans les polypes les *polypes nus* et les *polypes à polypier*. Le polypier est la maison du polype ; c'est une production animale qui végète et pousse des rameaux comme les plantes et dans laquelle l'animal est logé : tels sont les *madrépores* et les *coraux*. Les *polypiers*, en croissant et se développant, forment souvent au fond de la mer, par leur entassement successif, des masses immenses, des rochers escarpés, des îles entières.

5° Infusoires ou microscopiques. Cette classe, la

dernière d'entre les animaux, se compose d'une multitude d'animalcules qui habitent les eaux et dont l'existence n'aurait jamais été soupçonnée, si le microscope n'avait permis de les apercevoir. Leurs formes sont nombreuses et variées : leur corps s'allonge en cornet, s'arrondit en ovale; il est sinueux, anguleux, aplati, globuleux, creusé en sac, étendu en lanière. Si imperceptibles, si près du néant, ces animaux ont cependant une volonté, un instinct; ils discernent les obstacles, ils les évitent, ils s'abritent contre l'éclat du jour!

*Extrait du Catalogue de la librairie normale d'éducation de* PAUL DUPONT.

---

| | |
|---|---|
| JOURNAL GÉNÉRAL DE L'INSTRUCTION PUBLIQUE ET DES COURS SCIENTIFIQUES ET LITTÉRAIRES : Prix par an. . . . . . . . . . . . | 30 » |
| L'INSTITUTEUR, journal des écoles primaires. | 10 » |
| ARCHIVES GÉNÉRALES de l'agriculture, de l'industrie, etc., etc., 2 forts vol. in-8., paraissant par livraisons. Prix, par an. . . . . . . . . . . . . | 4 50 |
| RAPPORT AU ROI sur l'inst. prim., par M Guizot, ministre de l'instruction publique, 1 vol. in-8. | 5 » |
| CODE DE L'INSTRUCTION PRIMAIRE, 1 v. in-8. | 5 50 |
| Le même, 1 vol in-18. . . . . . . . . . . . . . . . . . . . | 1 50 |
| ANNUAIRE DE L'INSTRUCTION PRIMAIRE de 1833, 1 vol. in-18. . . . . . . . . . . . . . . . . . | 1 25 |
| *Idem*, 1834, 1 vol. in-18. . . . . . . . . . . . . . | 1 25 |
| GUIDE DES COMITÉS D'INSTRUCT., 1 vol. in-18. | » 50 |
| MANUEL CLASSIQUE DE LECTURE, par P.-F. Putot. Prix de l'ouvrage complet, divisé en trois parties. . . . . . . . . . . . . . . . . . . . . . . . . . . . | » 90 |
| Le même, en six grands tableaux, à l'usage des écoles d'enseignement mutuel. . . . . . . . . . . | 1 30 |
| COURS D'ÉCRITURE en 20 leçons, par A. G. Taupier, 3 vol. in-8. oblong, planches et texte. . . | 4 » |
| GRAMMAIRE DE LHOMOND, revue, corrigée et augmentée par une société de professeurs, 1 vol. in-12. . . . . . . . . . . . . . . . . . . . . . . . . . . . . | » 70 |
| HISTOIRE SAINTE, par F. B., 1 vol. in-18. . . | 2 » |
| TRAITÉ DE MORALE, par un membre de l'université, 1 vol. in-12. . . . . . . . . . . . . . . . . . . | 1 50 |
| BIBLIOTHÈQUE DE L'INSTITUTEUR PRIMAIRE, par M Delapalme, 25 v. in-18. . . . . . . . . . . . . | 25 » |
| MANUEL DES SYNONYMES, par Bonnaire. . . . | 1 50 |
| EXERCICES DES SYNONYMES, par le même. | 1 50 |
| CORRIGÉ DES EXERCICES, par le même. . . . | 2 » |
| MANUEL DE L'ENSEIGNEMENT SIMULTANÉ, 1 vol. in-12. . . . . . . . . . . . . . . . . . . . . . . . . | 2 » |
| MANUEL DE L'ENSEIGNEMENT MUTUEL, 1 vol. in-12. . . . . . . . . . . . . . . . . . . . . . . . . | 2 » |
| LEÇONS PRIMAIRES DE LITTÉRATURE ET DE MORALE, par Levi, 1 vol. in-12 . . . . . . . . . | 1 50 |
| PROSE ET POÉSIE, ou Morceaux choisis de nos meilleurs auteurs, 1 vol. in-18. . . . . . . . | 1 50 |
| CATHÉCHISME POLITIQUE ET MORAL DU CITOYEN, 1 vol. in-18. Prix. . . . . . . . . . . . . . | 1 |

www.ingramcontent.com/pod-product-compliance
Ingram Content Group UK Ltd.
Pitfield, Milton Keynes, MK11 3LW, UK
UKHW021533260726
13993UKWH00004B/1974